Rodolfo Barragan Ramirez
Andres Gonzalez Hernandez
Marcos Alfredo Azuara Hernandez

Análisis de propiedades mecánicas del concreto con Concha de Ostión

Rodolfo Barragan Ramirez
Andres Gonzalez Hernandez
Marcos Alfredo Azuara Hernandez

Análisis de propiedades mecánicas del concreto con Concha de Ostión

Gestión con el uso de recursos naturales "Concha de Ostión" en el concreto en pruebas de compresión y flexión

Editorial Académica Española

Imprint

Any brand names and product names mentioned in this book are subject to trademark, brand or patent protection and are trademarks or registered trademarks of their respective holders. The use of brand names, product names, common names, trade names, product descriptions etc. even without a particular marking in this work is in no way to be construed to mean that such names may be regarded as unrestricted in respect of trademark and brand protection legislation and could thus be used by anyone.

Cover image: www.ingimage.com

Publisher:
Editorial Académica Española
is a trademark of
Dodo Books Indian Ocean Ltd. and OmniScriptum S.R.L publishing group

120 High Road, East Finchley, London, N2 9ED, United Kingdom
Str. Armeneasca 28/1, office 1, Chisinau MD-2012, Republic of Moldova, Europe
Printed at: see last page
ISBN: 978-613-9-40680-7

INDICE

INDICE DE TABLAS

INDICE DE FIGURAS.

INDICE DE GRAFICAS

Capítulo 1 INTRODUCCIÓN.

1.1 ANTECEDENTES

La historia del cemento es la historia misma del hombre en la búsqueda de un espacio para vivir con la mayor comodidad, seguridad y protección posible. Desde que el ser humano supero la época de las cabernas, a aplicado sus mayores esfuerzos a delimitar su espacio vital, satisfaciendo primero sus necesidades de vivienda y después levantando construcciones con requerimientos específicos. Templos, palacios, museos son el resultado del esfuerzo que constituye las bases para el progreso de la humanidad. El pueblo egipcio ya utilizaba un mortero – mezcla de arena con materia cementoza – para unir bloques y lozas de piedra al elegir sus asombrosas construcciones.

La historia del uso de aditivos químicos en los hormigones se remonta al siglo pasado, tiempo después que Joseph Aspdin patentó en Inglaterra el 21 de octubre de 1824, un producto que llamó «Cemento Portland».

La primera adición de cloruro de calcio como aditivo a los hormigones fue registrada en1873, obteniéndose su patente en 1885. Al mismo tiempo que los aceleradores, los primeros aditivos utilizados fueron hidrófugos. Igualmente, a principios de siglo se ensayó la incorporación de silicato de sodio y de diversos jabones para mejorar la impermeabilidad. En ese entonces, se comenzaron a añadir polvos finos para colorear el hormigón. Los fluatos o fluosilicatos se emplearon a partir de 1905 como endurecedores de superficie. La acción retardadora del azúcar también había sido ya observada.

1.1.1 COMPONENTES BÁSICOS DEL CONCRETO HIDRÁULICO.

Los agregados generalmente se dividen en dos grupos: finos y gruesos. Los agregados finos consisten en arenas naturales o manufacturadas con tamaños de partícula que pueden llegar a ser desde 15 mm hasta los 10 mm aproximadamente; los agregados gruesos son aquellos cuyas partículas se retienen en la malla No. 16 y pueden llegar hasta 152 mm. El tamaño máximo del agregado que se emplea comúnmente es el de 19 mm o el de 25 mm.

El aglutinante está compuesto de cemento Portland, agua y aire atrapado o incluido intencionalmente. Por lo general, la pasta constituye: entre el 25% al 40% del volumen total de concreto.

Como los agregados constituyen aproximadamente entre 60% a 75% del volumen total del concreto, su selección es importante no por el porcentaje del volumen, sino porque son los elementos fundamentales.

Estos deben tener en las características de la composición de sus partículas una resistencia adecuada, así como resistencia a condiciones de exposición a la intemperie pues si llegaran a contener impurezas podrían causar deterioro del concreto. Para tener un uso eficiente del aglutinante (cemento y agua, aire), se requiere contar con una granulometría continua en tamaños de partículas. La calidad del concreto depende en gran parte del aglutinante.

En un concreto elaborado debidamente, cada partícula de agregado está cubierta con este en toda su dimensión, al igual que todos los espacios entre partículas de agregado.

1.1.2 RESISTENCIA A LA COMPRESIÓN.

Entre menos agua se utilice se tendrá una mejor calidad de concreto, siempre y cuando se pueda consolidar adecuadamente. Menores cantidades de agua de mezclado resultan en mezclas más rígidas y difíciles de manipular; pero con vibración, aún estas mezclas pueden ser fácilmente manipulables.

Para una calidad dada de concreto, las mezclas más rígidas son las más económicas. Por lo tanto, la consolidación del concreto por vibración permite una mejora en la calidad de este mismo y en la economía.

1.1.2 RESISTENCIA A LA FLEXIÓN.

Las especificaciones y las investigaciones que se hagan de las aparentes bajas resistencias deberán tener en cuenta la elevada variabilidad de los resultados de los ensayos de resistencia a la flexión. Un periodo corto de secado puede producir una caída brusca de la resistencia a flexión. La flexión puede ser utilizada con propósitos de diseño, pero su ensayo debe realizarse con cuidado ya que son extremadamente sensibles.

1.2 DEFINICIÓN DEL PROBLEMA.

En la actualidad los conceptos de ecología y medio ambiente están adquiriendo mayor importancia a nivel Mundial, esto afecta directamente a la industria de la construcción por que el tipo de actividades que involucran a esta industria, puede tener consecuencias perjudiciales e incluso irreversibles sobre el medio ambiente. En los últimos años, las publicaciones científicas, patentes y páginas electrónicas de algunos países o empresas realizan estudios y exponen los avances en la producción, caracterización y aplicaciones de los componentes de la concha de ostión. Se ha comprobado que los materiales que son producto de especies calcáreas pueden considerarse como materiales híbridos naturales, ya que están constituidos por compuestos orgánicos e inorgánicos. Un ejemplo de material híbrido natural es el hueso, cuya dureza y rigidez no se ha encontrado en ningún material sintético.

La ventaja que estos materiales porosos ofrecen, es que, mediante la eliminación de los componentes orgánicos, el tamaño y forma de los poros pueden controlarse de manera precisa, convirtiéndolos en materiales resistentes al fuego, impermeables en la construcción y para usos ambientales, como el absorber gases contaminantes.

Una forma de aprovechar adecuadamente los desechos de crustáceos, es añadiéndolo al aglomerante ya que es un sustituto de buena calidad al carbonato de calcio y contribuye a aumentar la resistencia mecánica del concreto.

1.3 OBJETIVO DE LA INVESTIGACIÓN.

1.3.1 OBJETIVO GENERAL.

Evaluar las propiedades mecánicas del concreto en pruebas de flexión y compresión con la adición de concha de ostión (Crassostrea).

1.3.2 OBJETIVOS ESPECÍFICOS.

Determinar las propiedades índices de los agregados (grava, arena y concha de ostión) para emplearse en la fabricación de un concreto hidráulico y analizar sus propiedades mecánicas con relación a un concreto convencional.

1.4 PREGUNTAS DE INVESTIGACIÓN.

1) ¿Cuál de los dos concretos dará mayor resistencia a la compresión?

2) ¿Aumentar la trabajabilidad?

3) ¿ajustar otras propiedades del concreto?

4) ¿Aumentará o disminuirá su revenimiento?

5) ¿Aumentará o disminuirá su masa unitaria?

1.5 HIPÓTESIS.

¿Mejoran las propiedades del concreto con la adición de la concha de ostión (Crassostrea)?

¿El comportamiento ante las pruebas de flexión y compresión son diferentes en comparación a la mezcla de un concreto convencional?

1.6 JUSTIFICACIÓN.

En la actualidad las conchas de ostión "Crassostrea", explotadas comercialmente en el Moralillo Municipio de Panuco Ver, representan un problema de contaminación. Debido a que las personas después de consumir la parte comestible del ostión, desechan en las calles o en lugares públicos e incluso en los rellenos sanitarios las conchas, provocando mal aspecto al lugar, mala higiene y propagación de plagas.

Por lo anterior, mediante esta investigación se pretende dar una solución a este problema de contaminación y reciclar este desecho para obtener un material con fines ambientales para la construcción.

1.7 DELIMITACIONES.

1.7.1 DELIMITACIONES GEOGRÁFICAS.

El material natural de concha de ostión (Crassostrea) se obtuvo de la Laguna de la Costa que está situado dentro de la localidad de Moralillo, en el Municipio de Pánuco (en el Estado de Veracruz de Ignacio de la Llave). Está situado exactamente a 38.2 km (hacia el W) del centro geográfico del municipio de Pánuco. Y está localizado a 0.69 km (hacia el W) del centro de la localidad de Moralillo.

Figura 1.1 Ubicación de concha de ostión (Crassostrea).

Se tomaron las muestras de conchas de ostión y se llevaron a laboratorio para ser triturada y cribada, con partículas de tamaño comprendido entre 75 micrómetros (malla № 200) y 4.75 milímetros (malla № 4), pudiendo contener finos de menor tamaño, dentro de las proporciones establecidas en la norma N-CMT-2-02-002/02.

1.7.2 DELIMITACIONES TÉCNICAS.

Además, su captura y producción es la principal actividad para los pobladores en las lagunas costeras del estado; el problema subsiste cuando no se sabe qué hacer con la parte no comestible de este producto marino. Esta problemática afecta tanto a los restauranteros, la población civil y autoridades del mismo, puesto que se generan toneladas de ellas y solo una cuarta parte es utilizada para la reproducción del molusco aductor. Lo anterior no es un exclusivo del estado, si no que a nivel nacional otros estados costeros como Tamaulipas, Veracruz y Campeche también se ven afectados por este mismo problema.

El hecho de desechar las conchas en estos lugares genera considerables inconvenientes, principalmente por su insolubilidad en el agua y su resistencia a la biodegradación. Una de las problemáticas que más preocupa a las comunidades, es el crecimiento del mosquito portador del dengue dentro de las conchas de ostión, ya que ésta presenta una forma irregular y asimétrica, cuya cara exterior es áspera y oscura, contrastando con el interior, que representa una superficie lisa en forma cóncava que da pie a que el agua quede retenida en ella.

Este proyecto fue realizado en aproximadamente 6 meses, empezando en mes de noviembre de 2018, y terminando a finales del mes de mayo de 2019. Aunque las investigaciones podrían ser más profundas y extensas, ultimando detalles en cada uno de los componentes del proyecto, a los futuros estudiantes interesados en ampliar más esta investigación les corresponderá realizarlo.

Se fabricaron 6 cilindros de 15 x 30 y 9 vigas de 15x15x60 cm de concreto con cemento Portland Marca Cemex Monterrey CPC-30R comercializado en la Zona Conurbada del Sur de Tamaulipas, con agregados vírgenes provenientes de Cacalilao Veracruz Arena de Rio y Grava Canto Rodado triturada de ¾ " a finos procedente del Banco el Abra en el Estado de SLP con la adición de 3% en peso de el residuo concha de ostión.

Para obtener sus resistencia se les realizara pruebas de comprensión y flexión con una maquina universal marca Forney modelo LT-1150 La cual cuenta con diferentes rangos de capacidad.

Las propiedades del concreto que evaluamos fueron: en el estado fresco prueba de revenimiento (SLUMP), Temperatura, masa unitaria, y en el estado endurecido su resistencia a la compresión y flexión a los 28 días.

Para la fabricación y prueba se utilizó el siguiente equipo y material:

- Cemento.
- Agua.
- Arena.
- Equipo:
- Moldes de acero o fierro forjado (antes de usarse los moldes deben ser cubiertos con aceite mineral o un agente de separación de encofrado no reactivo).
- Varilla de fierro.
- Mazo de goma.
- Carretilla.
- Palas de acero para construcción.

Se fabricaron:

- 6 cilindros de concreto 15*30cm
- 9 vigas 15*15*60 cm

Capítulo 2 ANÁLISIS DE FUNDAMENTOS.

2.1 MARCO TEÓRICO.

2.1.1 ANTECEDENTES DEL CEMENTO.

De todos los conglomerantes hidráulicos el cemento portland y sus derivados son los más empleados en la construcción debido a estar formados, básicamente, por mezclas de caliza, arcilla y yeso que son minerales muy abundantes en la naturaleza, ser su precio relativamente bajo en comparación con otros materiales y tener unas propiedades muy adecuadas para las metas que deben alcanzar.

Dentro de los conglomerantes hidráulicos entran también los cementos de horno alto, los puzolánicos y los mixtos, teniendo todos éstos un campo muy grande de empleo en concretos para determinados medios, así como los cementos aluminosos "cementos de aluminato de calcio", que se aplican en casos especiales.

Los cementos se emplean para producir morteros y concretos cuando se mezclan con agua y áridos, naturales o artificiales, obteniéndose con ellos elementos constructivos prefabricados o construidos "in situ".

Hace 5.000 años aparecen al norte de Chile las primeras obras de piedra unidas por un conglomerante hidráulico procedente de la calcinación de algas, estas obras formaban las paredes de las chozas utilizadas por los indios.

Los egipcios emplearon morteros de yeso y de cal en sus construcciones monumentales.

En Troya y Micenas, dice la historia que, se emplearon piedras unidas por arcilla para construir muros, pero, realmente el concreto confeccionado con un mínimo de técnica aparece en unas bóvedas construidas cien años antes de J.C.

Los romanos dieron un paso importante al descubrir un cemento que fabricaban mezclando cenizas volcánicas con cal viva. En Puteoli conocido hoy como Puzzuoli se encontraba un depósito de estas cenizas, de aquí que a este cemento se le llamase "cemento de puzolana".

Con concreto construye Agripa en el año 27 antes de J.C. el Panteón en Roma, que sería destruido por un incendio y reconstruido posteriormente por Adriano en el año 120 de nuestra era y que, desde entonces, desafió el paso de tiempo sin sufrir daños hasta el año 609 se transformó en la iglesia de Santa María de los Mártires. Su cúpula de 44 metros de luz está construida con concreto y no tiene más huecos que un lucernario situado en la parte superior.

2.1.2 ANTECEDENTES DEL AGREGADO.

En el transcurso de la historia de la humanidad el hombre ha necesitado aprender a usar los recursos propios de la naturaleza. Es así como la historia del proceso de los agregados se remonta a la actividad gestada desde el interior de la tierra a través de las eras geológicas que han llevado a cambios en la formación y transformación de las rocas que se utilizan hoy en la elaboración de concreto u hormigón, mezclas asfálticas y estructuras de los pavimentos.

En los últimos 100 años, la necesidad de materiales de construcción ha llevado al hombre a estudiar las leyes naturales y comprenderlas a través de la observación cuidadosa de las rocas desde su estado natural hasta sus medios de uso.

El agregado es un material sólido, pétreo, natural y/o artificial, de forma estable aparentemente inerte, de composición, pH y tamaño variable.

Los agregados presentan las siguientes características según su forma y textura, pues éstos son muy incidentes en la demanda de agua de la mezcla y en la adherencia del agregado con la pasta de cemento:

• Absorción (NTC 176): Mide la porosidad superficial o saturable. Cuanto más poroso es, menor resistencia mecánica tiene, por lo que al tener menor absorción su compactación y calidad es mucho mejor.

• Cantidad de partículas que pasan al tamiz 0.075 mm (NTC 78) ó Pasa 200: Las partículas inferiores a 0.075 mm interfieren en la adherencia entre el agregado y la pasta de cemento o asfalto, haciéndoles perder su capacidad aglutinadora.

• Densidad (NTC 176): Indica la relación entre la masa y el volumen de la roca

• Desgaste por abrasión (NTC 93, 98): Señala la resistencia del material al ser frotado con otro de resistencia conocida o por frotación de las partículas de la piedra entre sí.

• Forma de los agregados (NTC 385): Clasificación de los agregados de acuerdo a su forma: alargada, plana, redonda y fracturada. La mayor adherencia a la pasta de cemento y al asfalto es debido, a la mayor fracturación, produciendo mayor entrelazamiento de partículas y por lo tanto mayor resistencia.

• Granulometría (NTC 77 y 174): Es la composición en porcentaje de los diversos   tamaños de agregados en una muestra. Esta composición se realiza de mayor a   menor tamaño, por una cifra que representa, en peso, el porcentaje parcial de cada   tamaño que pasó o quedó retenido en los diferentes tamices que se usan obligatoriamente para tal medición.

• Humedad (NTC 1776): Estima el grado de humedad superficial o libre principalmente en el agregado fino.

• Masa unitaria (NTC 92): Trabaja la relación entre la masa del material que cabe en un determinado recipiente y el volumen de ése. Se expresa en kg/m3.

• Reactividad alcali-silice (NTC 175): Generación del gel álcali-silicato resultado de   la reacción de los componentes activos de sílice del agregado y los álcalis del cemento. Dicho gel es de carácter expansiva y al absorber agua tiende a aumentar de volumen ocasionando presiones internas con el correspondiente agrietamiento y ruptura de la pasta de cemento.

• Sanidad (NTC 126): Determina la solidez de los agregados al ser   sometidos a la acción de la meteorización o a condiciones agresivas   del medio ambiente.

• Sustancias perjudiciales (NTC 127, 589): Los agregados gruesos deben estar limpios sin partículas de naturaleza orgánica o inorgánica, pues disminuyen la resistencia y la economía de los concretos y asfaltos.

2.1.3 SURGIMIENTO DEL CEMENTO PORTLAND.

A mediados del siglo XVII, el reverendo inglés James Parker creó un cemento de manera accidental, al quemar unas piedras calizas. Este descubriendo fue bautizado como cemento romano porque entonces se pensaba que el que se había utilizado en los tiempos de esta civilización, empezándose a utilizar en diversas obras en el Reino Unido.

Joseph Aspdin y James Parker patentaron el 21 de octubre de 1824 el primer cemento Portland obtenido a partir de caliza arcillosa y carbón: calcinados a alta temperatura. La denominación Portland responde a su color grisáceo, muy similar a la piedra de la isla de Portland del canal inglés.

Más adelante Isaac Johnson mejoro este proceso de producción aumentando la temperatura de calcinación, obteniendo en 1845 el prototipo del cemento moderno elaborado con base de una mezcla de caliza y arcilla calcinada altas temperaturas hasta la formación de Clinker. Esta es la razón por la que la que hoy se conoce a Johnson como el padre moderno del cemento Portland.

Hacia finales del siglo XIX, algunos avances de la época de propinación de empleo del cemento portland para gran diversidad de aplicaciones. En este caso fue importante el desfollo de la industrialización, la introducción de hornos rotatorios para la calcinación, así como el molino tubular.

De igual manera, a principios del siglo XX ya la industria del cemento experimentado un rápido crecimiento, debido además a los experimentos de los químicos franceses Vicat, a Le Chatelier, y del alemán Michaelis, quienes lograron producir un cemento de calidad homogénea.

Todo lo anterior resume las principales condiciones de la elaboración del cemento portland en grandes cantidades, para la industria de la construcción de principios de siglo y a los posteriores.

En nuestros días y a pesar de todas las mejoras técnicas introducidas, el cemento Portland continúa siendo en esencia, muy similar al primero que se planteó; aunque su impacto y presentaciones han mejorado significativamente.

Tabla 2.1 Cronología de la industria del cemento en México

AÑO	EVENTO
1906	Nace la primera planta cementera mexicana, en Hidalgo, N.L. Que a la postre surgiera, lo que hoy en día es el "GRUPO CEMEX".
1928	Se funda Holcim Apasco en el Municipio de Apasco, Estado de México.
1931	Cementos Hidalgo y cementos Portland Monterrey se fusionan para formar Cementos Mexicanos, actualmente CEMEX.
1942	Creación de la comisión Reguladora de Cemento.
1942	Creación de la oficina de la industria del cemento.
1948	Se crea a cámara nacional de cemento (CANACEM) con la participación de todas las empresas constituidas como sociedades anónimas.
1959	Se funda el instituto Mexicano del Cemento y de concreto, el cual adopta las funciones de divulgación de cemento y de concreto, así como la participación de la elaboración de normas de calidad del cemento y del concreto.
1973	Se edita el primer anuario que incluye información relevante acerca de la producción y el consumo de cemento en México, así como datos referentes a la industria.
1992	Se firma un convenio con el IMSS para diferenciar a la industria del cemento de la industria de yeso y de la cal, con objeto de pagar cuotas que se ajusten más a la realidad.

1994	Se firma en conjunto con el IMSS el Premio Nacional de Seguridad e Higiene en el Trabajo. Se logra que la SCT reinicie la utilización de concreto en pavimentos carreteros, terminando, así como un mito que duro 70 años. La CANACEM participa como socio fundador del Organismo Nacional de Normalización y Certificación de la Construcción y Edificación (ONNCCE).
2008	Holcim Apasco inicia la construcción de una nueva planta cementera en Hermosillo, Sonora.

Fuente: Estudio y aplicación Normativa en la fabricación del cemento, Isaí Montalván; Leny Suarez; Edith Téllez, Instituto Politécnico Nacional, México DF 2010

2.1.4 TIPOS DE CEMENTO.

La clasificación de los cementos se puede hacer según diferentes criterios, para este proyecto nos enfocaremos en su clasificación según el tipo de cemento Portland.

Existen cinco tipos de cemento Portland:

- Tipo I: Es el cemento Portland destinado a obras de concreto en general, cuando en las mismas no se especifique la utilización de otro tipo (Edificios, estructuras industriales, conjuntos habitacionales). Libera más calor de hidratación que otros tipos de cemento.

- Tipo II: de moderada resistencia a los sulfatos, es el cemento Portland destinado a obras de concreto en general y obras expuestas a la acción moderada de sulfatos o donde se requiere moderado calor de hidratación, cuando así sea especificado (puentes, tuberías de concreto).

- Tipo III: Alta resistencia inicial como cuando se necesita que la estructura de concreto reciba carga lo antes posible o cuando es necesario desencofrar a los pocos días de vaciado.

- Tipo IV: Se requiere bajo calor de hidratación en que no deben producirse dilataciones durante el fraguado.

- Tipo V: Usado donde se requiere una elevada resistencia a la acción concentrada de los sulfatos (canales, alcantarillas, obras portuarias).

2.1.5 RESISTENCIA MECÁNICA.

Acerca de la resistencia, Espino et al (1997) dice que es la propiedad más importante del material estructural, ya que es la que define la fuerza que será capaz de soportar un elemento estructural antes de que falle, y que a este se le conoce como esfuerzo.

La resistencia mecánica del cemento es la característica principal que evalúa y aprecia el usuario. El cemento al hidratarse con el agua constituye la matriz que asegura la resistencia del esqueleto de agregados que conforman morteros y concretos. La resistencia intrínseca del cemento es función creciente del contenido de silicatos cálcicos en el Clinker y de la finura de molienda, como parámetros básicos.

El incremento de resistencias en el tiempo depende de la relación entre C3S que genera las resistencias iníciales y el C2S que contribuye posteriormente. En las pastas endurecidas, independientemente de la resistencia propia del cemento, la resistencia se debe al volumen de producto de hidratación que se forman en el espacio definido por el cemento y el agua de mezcla. Factor que en cierta medida se expresa en la clásica relación agua/cemento.

La resistencia de los aglomerados reside en las condiciones de adherencia pasta-agregado y/o en la resistencia intrínseca de la pasta.

Debe recordarse que la resistencia de los agregados excede en mucho la resistencia de la pasta y aquella que normalmente deben asumir los elementos de concreto.

La resistencia del concreto difiere según el tipo de solicitación que se le impone: por ejemplo, en comprensión resiste diez veces más que la atracción.

Siendo la resistencia a la comprensión la más alta, el concreto tiene una vocación natural para cumplir este régimen de trabajo; reforzándose con barras de acero que asumen las tensiones de tracción o sometiéndose a un estado de coacción previa que compensa la tracción.

Por otra parte, la resistencia de compresión constituye un índice general de calidad, pues guarda correlación con el módulo de elasticidad y es un eficiente indicador de durabilidad. Es evidente que los resultados de ensayo de compresión son de interés pues el concreto se aprecia por su resistencia a la compresión. Especialmente, cuando las normas de ensayo han incorporado monteros plásticos con resistencias comparables a las obtenidas en concreto.

2.1.6 PRUEBAS DE RESISTENCIA A LA COMPRESIÓN

La resistencia a la compresión del cemento, es la prueba más común aplicada al concreto, es una medida de prueba extrema utilizada en la determinación del tipo de cemento y aplicación apropiados de diferentes clases de cementos Portland.

Su resistencia a la comprensión es una medida fundamental para el diseño seguro. Mediante la prueba de resistencia a la comprensión se mide la capacidad del cemento para resistir fuerzas de presión.

A partir de la combinación del cemento, agua, arena y grava se crea el concreto, los especialistas prueban las muestras en cilindros de concreto, bajos condiciones controladas, para así poder determinar la resistencia la compresión.

La hidratación del concreto se produce a ritmos diferentes, por lo que llega a alcanzar diferentes niveles de resistencia en diferentes periodos de tiempo. Los encargados de realizar estos trabajos, llevan a cabo pruebas de resistencia en diferentes lapsos de tiempo, esto es, dependiendo del tipo de cemento y el uso previsto.

Las pruebas se pueden realizar en un día, a tres días, a siete días, a 28 días, o a 90 días. Después de que cada muestra se endurece en el tiempo determinado.

Los especialistas colocan bajo una carga de comprensión, en una maquina hidráulica, hasta que llega al punto de ruptura.

La resistencia a compresión se mide tomando probetas cilíndricas de concreto en la máquina de ensayos de compresión, en tanto la resistencia a la compresión se calcula a partir de la carga de ruptura dividida entra el área de la sección que se resiste la carga y se reporta en mega pascales (MPa) en unidades SI. Los requerimientos para la resistencia a la compresión pueden variar desde 17 MPa para concreto residencial hasta 28 MPa y más para estructuras comerciales.

En el siguiente paso se analizan los resultados de acuerdo a los requisitos de resistencia a la compresión especificados de acuerdo a las normas. La resistencia a la compresión de las mezclas de concreto se puede diseñar de tal manera que tengan una amplia variedad de propiedades mecánicas y de durabilidad que cumplan con los requerimientos de diseño de estructura.

Los resultados de las pruebas de resistencia a la compresión se usan fundamentalmente para determinar que la mezcla de concreto suministrada cumpla con los requerimientos de la resistencia especificada f'c del proyecto.

Los resultados de las pruebas de resistencia a partir de cilindros moldeados se pueden utilizar para fines de control de calidad aceptación del concreto o para estimar la resistencia del concreto en estructuras para programar las operaciones de construcción, tales como remoción de cimbras o para evaluar la conveniencia de curado y protección suministrada a la estructura.

Los cilindros sometidos a ensayo de aceptación y control de calidad se elaboran y curan siguiendo los procedimientos descritos en probetas curadas de manera estándar. Un resultado de prueba es el promedio de, por lo menos, dos pruebas de resistencia curadas de manera estándar o convencional elaboradas con la misma muestra de concreto y sometidas a ensaye a la misma edad.

Para ensayar esta prueba, de acuerdo a la guía de prácticas de materiales de construcción de la Facultad de Ingeniería Arturo Narro Siller (FIANS) en la Universidad Autónoma de Tamaulipas (UAT), se requiere de una prensa con una capacidad de carga compatible con la resistencia con la resistencia de los elementos, aplicada a una velocidad de 25kg/cm por segundo.

La muestra a ensayar se debe encontrar en estado de humedad en equilibrio con el ambiente recomendándose un periodo de almacenamiento de las muestras de no más de 4 días en el laboratorio, con circulación de aire alrededor de las probetas.

Previo al ensayo es necesario tener el área total y el área neta de cada espécimen a ensayar, el área neta de cada muestra es aquella que queda comprendida en los chaflanes, se aplica una capa de azufre sobre las capas superior en inferior del block para uniformizar la carga a la cual va a ser sometido.

Esta capa de azufre debe presentar mayor resistencia a la compresión que el espécimen de lo contrario fallaría primero el azufre y los resultados obtenidos serian erróneos.

La carga se aplica sin impactos y de manera uniforme hasta que el límite en que la carga no pueda ser sostenida. La máxima lectura se anota en el registro.

2.1.6 PRUEBAS DE RESISTENCIA A LA FLEXIÓN.

La resistencia a la flexión es una medida de la resistencia a la tracción del concreto (hormigón). Es una medida de la resistencia a la falla por momento de una viga o losa de concreto no reforzada. Se mide mediante la aplicación de cargas a vigas de concreto de 6 x 6 pulgadas (150 x 150 mm) de sección transversal y con luz de como mínimo tres veces el espesor.

Se expresa como el Módulo de Rotura (MR) en libras por pulgada cuadrada (MPa). El Módulo de Rotura se encuentra aproximadamente entre 10% al 20% de la resistencia a compresión, dependiendo del tipo, dimensiones y volumen del agregado grueso utilizado.

Nunca permita que se sequen las superficies de la viga en ningún momento. Manténgala inmersa en agua saturada con cal durante 20 horas como mínimo antes de ensayarla.

2.2 MARCO CONCEPTUAL.

2.2.1 CONCEPTO Y DEFINICIÓN DE CEMENTO.

El cemento es un conglomerante hidráulico, es decir, un material inorgánico finamente molido que, amasado con agua, forma una pasta que fragua y endurece por medio de reacciones y procesos de hidratación y que, una vez endurecido conserva su resistencia y estabilidad incluso bajo el agua.

Dosificado y mezclado apropiadamente con agua y áridos debe producir un concreto o mortero que conserve su trabajabilidad durante un tiempo suficiente, alcanzar unos niveles de resistencias preestablecido y presentar una estabilidad de volumen a largo plazo.

El endurecimiento hidráulico del cemento se debe principalmente a la hidratación de los silicatos de calcio, aunque también pueden participar en el proceso de endurecimiento otros compuestos químicos como, por ejemplo, los aluminatos. La suma de las proporciones de óxido de calcio reactivo (CaO) y de dióxido de silicio reactivo (SiO2) será al menos del 50% en masa, cuando las proporciones se determinen conforme con la Norma Europea EN 196-2.

Los cementos están compuestos de diferentes materiales (componentes) que adecuadamente dosificadas mediante un proceso de producción controlado, le dan al cemento las cualidades físicas, químicas y resistencias adecuadas al uso deseado.

Existen, desde el punto de vista de composición normalizada, dos tipos de componentes:

Componente principal: Material inorgánico, especialmente seleccionado, usado en proporción superior al 5% en masa respecto de la suma de todos los componentes principales y minoritarios.

Componente minoritario: Cualquier componente principal, usado en proporción inferior al 5% en masa respecto de la suma de todos los componentes principales y minoritarios.

2.2.2 FABRICACIÓN DEL CEMENTO: ACTIVIDADES INDUSTRIALES EN LA FABRICACIÓN DEL CEMENTO.

2.2.2.1 PRIMERA ETAPA: MATERIAS PRIMAS.

El proceso de fabricación del cemento se inicia con los estudios y evaluación minera de materias primas (calizas, arcillas, arena, mineral de hierro y yeso) necesarias para conseguir la composición deseada de óxido metálico para la producción de Clinker. El Clinker del cemento se compone de los siguientes óxidos (datos en %)

Tabla 2.2 Componentes del clinker

COMPONENTES DEL CLINKER	PORCENTAJE (%)
Carbonato de calcio (CaCO3)	70-75
Óxido de Silicio (Si02)	2-3
Óxido de Aluminio (AL203)	20-25
Óxido de Hierro (FE03)	0-1

Fuente: http://www.canacem.org.mx/procesos_de_produccion.htm _3/10/2014

La obtención de la proporción adecuada de los distintos óxidos se realiza mediante la dosificación de los minerales de partida.

- Caliza y marga para el aporte de CaO.
- Arcilla y pizarras para el aporte del resto óxidos.

Como segundo paso se complementan los estudios geológicos, se planifica la explotación y se inicia el proceso: de perforación, quema, remoción, clasificación, cargue y transporte de materia prima.

Las materias primas esenciales, caliza, margas y arcilla, que son extraídas de canteras, deben proporcionar los elementos esenciales en el proceso de fabricación de cemento: calcio, silicio, aluminio y hierro.

Muy habitualmente debe apelarse a otras materias primas secundarias, bien naturales (bauxita, mineral de hierro) o subproductos y residuos de otros procesos (cenizas de central térmica, escorias de siderurgia, arenas de fundición, como aportadoras de dichos elementos. Las calizas pueden ser de dureza elevada, de tal modo que exigen el uso de explosivos y luego de trituración, o suficientemente blandas como para poderse explotar sin el uso de explosivos.

Una vez que las grandes masas de piedra han sido fragmentadas el material resultante es transportado a la planta en camiones o bandas. Las materias primas naturales son sometidas a una primera trituración, bien en cantera o a su llegada

a fábrica de cemento donde se descargan para su almacenamiento.

Figura 2.1 Trituración

La trituración de la roca, se realiza en dos etapas, inicialmente se procesa en una

chancadora primaria, del tipo cono que reducirla de un tamaño máximo de 1.5m

hasta los 25cm. El material se deposita en un parque de almacenamiento.

Seguidamente, luego de verificar su composición química, pasa a la trituración

secundaria, reduciéndose su tamaño a 2 mm aproximadamente.

El material triturado se lleva a la planta propiamente dicha por cintas

transportadoras, depositándose en un parque de materias primas. En algunos

casos se efectúa un proceso de pre-homogeneización.

La prehomogenización realizada mediante diseños adecuados del apilamiento y

la extracción de los materiales en los almacenamientos reduce la variabilidad

de los mismos.

Este material es transportado y almacenado en un sitio del cual se alimentan el molino de crudo. Allí mismo se tienen dos silos más con los materiales correctivos (minerales de hierro y caliza correctiva alta). Se dosifican dependiendo de sus características; y mediante básculas el material al molino de harina (o crudo). Los estudios de composición de los materiales en las distintas zonas de cantera y los análisis que se realizan en fabrica permiten dosificar la mescla de materias primas para obtener la composición deseada.

2.2.2.2 SEGUNDA ETAPA: MOLIENDA Y COCCIÓN.

Esa etapa comprende la molienda de materias primas (molienda de crudo), por molinos de bolas, por prensas de rodillos o a fuerza de compresión elevadas, que producen un material de gran finura. En este proceso se efectúa la selección de los materiales, de acuerdo al diseño de la mezcla previsto, para optimizar el material crudo que ingresara al horno, considerando el cemento de mejores características.

Con la molienda se logra reducir el tamaño de las partículas de materias para las reacciones químicas en cocción en el horno puedan realizarse de forma adecuada. El molino muele y pulveriza los materiales hasta un tamaño medio de 0.05mm.

El material molido debe ser homogeneizado para garantizar la efectividad del proceso de clinkerizacion mediante una calidad constante. Este procedimiento se efectúa en silos de homogeneización. El material resultante constituido por un polvo de gran finura debe presentar una composición química constante.

El horno debe recibir una alimentación químicamente homogénea, esto se consigue mediando el control de la correcta dosificación de los materiales que forman la alimentación al molino de crudo. Si se parte de materiales variables en calidad previamente se consigue su prehomogenización.

 Después del molino, el crudo sufre aun un proceso de homogeneización final, que asegura una mezcla homogénea con la composición química requerida.

Además de la homogeneidad química, es fundamental la finura y la curva granulométrica del crudo, lo que se consigue mediante el ajuste del separador que clasifica el producto que sale del molino, reintroduciéndose la fase no suficientemente molida (circuito cerrado).

Figura 2.2 Proceso de Molienda y Cocción.

La segunda etapa, también consiste por la cocción del crudo en hornos rotatorios hasta alcanzar una temperatura de material cercana a los 1450 °C para ser enfriado bruscamente y obtener un producto intermedio denominado Clinker.

2.2.2.3 TERCERA ETAPA: FABRICACIÓN DEL CLINKER.

Se define Clinker como el producto obtenido por fusión incipiente de materiales arcillosos y calizos que contengan oxido de calcio, cilicio, aluminio y fierro en cantidades convenientemente calculadas.

El Clinker es un producto intermedio en el proceso de elaboración de cemento. Una fuente de cal como las calizas, una fuente de sílice y alúmina como las arcillas y una fuente de óxido de hierro se mezclan apropiadamente, se muele finamente y se calcinan en un horno aproximadamente a 1500°C, obteniéndose el denominado Clinker del cemento Portland.

La harina cruda es introducida mediante sistemas de transporte neumático y debidamente dosificada a un intercambiador de calor por suspensión de gases de varias etapas, en la base de cual se instala un moderno sistema de pre calcinación de la mezcla antes de la entrada al horno rotatorio donde se desarrollan las restantes reacciones físicas y químicas que dan lugar a la formación del Clinker.

El intercambio de calor que produce mediante transferencias térmicas por contacto íntimo entre la materia y los gases calientes que se obtienen del horno, a temperaturas de 950 a 1100°C.

El horno es el elemento fundamental para la fabricación del cemento. Este constituido por un tubo cilíndrico de acero con longitudes de 40 a 60 m y con diámetros de 3 a 6 m, que es revestido interiormente con materiales refractarios en el horno para la producción de cemento se produce temperaturas de 1500 a 1600°C dado que las reacciones de Clinkerizacion se encuentran alrededor de 1450°C.

El Clinker que egresa al horno de una temperatura de 1200°C pasa luego a un proceso de enfriamiento rápido por enfriadoras de parilla. Seguidamente por transportadores metálicos es llevado a una cancha de almacenamiento.

En función de cómo se procesa el material antes de su entrada en el horno de Clinker, se distingue 4 tipos de procesos de fabricación: vía seca, vía semiseca, vía húmeda y vía semihúmeda.

La tecnología que se aplica depende fundamentalmente del origen de las materias primas. El punto de caliza y arcilla y el contenido de agua (desde 3% para calizas duras hasta el 20% para algunas margas) son los factores decisivos.

Proceso vía seca:

El proceso de vía seca es el más económico en términos de consumo energético, y es el más común. La materia prima es introducida en el horno de forma seca y pulverulenta. El sistema de horno comprende una torre de ciclones para intercambio de calor en el que precalienta el material en contacto con los gases provenientes del horno.

El proceso descarbonatación de la caliza (calcinación) puede estar casi completado antes de la entrada del material en el horno si se instala una cámara de combustión a la que se añade del combustible (precalcinador).

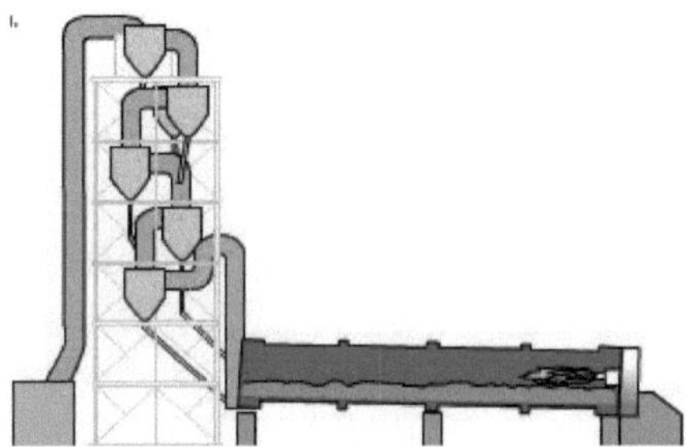

Figura 2.3 Calcinación

Proceso vía húmeda:

Este proceso es utilizado normalmente para materias primas de alto contenido en humedad. En material de alimentación se prepara mediante molienda conjunta de la misma agua, resultando una pasta con contenido de agua de 30-40% que es alimentada en el extremo más elevado del horno de Clinker.

Si la arcilla es bastante húmeda y tiene la propiedad de desleírse en el agua debe ser sometida a la acción de mezcladores para formar la lechada; esto se efectúa en el molino de lavado, el cual es un pozo circular con brazos revolvedores radiales con rastrillos los cuales rompen los aglomerados de materias sólidas.

Proceso de vía semihumeda y semiseca.

El material de alimentación se consigue añadiendo o eliminando agua respectivamente, al material obtenido en la molienda de crudo. Se obtiene "pellets" o gránulos con un 15-20% de humedad que son depositados en parillas móviles a través de las cuales se hace circular gases calientes provenientes del horno.

Cuando el material alcanza la entrada del horno, el agua se ha evaporado y la cocción ha comenzado. En todos los casos, el material procesado en el horno rotatorio alcanza una temperatura entorno a los 1450°C. Es enfriado bruscamente al abandonar el horno en enfriadores planetarios o de parillas obteniéndose de esta forma el Clinker.

Molienda del cemento:

El proceso de fabricación del cemento termina con la molienda conjunta de Clinker, yeso y otros materiales denominados "adiciones". Los materiales utilizables, que están normalizados como adiciones, son entre otros:

- Escorias de horno alto.
- Puzolanas naturales.
- Cenizas volantes.
- Caliza.

En función de la composición, la resistencia entre otros, el cemento es clasificado en distintos tipos y clases, la molienda de cemento se realiza en equipos mecánicos en la mezcla de materiales es sometida a impacto de cuerpos metálicos o a fuerzas de compresión elevadas. Para ello se utilizan los siguientes equipos:

- Prensa de rodillos.

- Molinos verticales de rodillo.

- Molinos de bolas.

- Molinos horizontales de rodillos.

Es importante conocer las diversas etapas en el proceso de fabricación del cemento, considerado esta la actividad industrial y se esquematiza identificando las diversas actividades.

2.2.3 PRINCIPALES USOS Y APLICACIONES DEL CEMENTO.

En la actualidad, al mencionar la palabra cemento nos indica cualquier tipo de adhesivo en la construcción en la ingeniería civil, así mismo nos indica una sustancia que se puede ampliar para unir arena y roca triturada y algún tipo árido para formar una masa sólida. Que dentro de sus propiedades presenta una mayor fuerza y resistencia mecánica que los agregados que le dieron origen.

Un cemento puede ser compuesto químico unido, pero en la mayoría de las veces es una mezcla, aunque desde el punto de vista químico se trata en forma general de una mezcla de silicatos y aluminatos de calcio, obtenida a través del cocido de calizas, arcillas y arenas, con lo cual son obtenidos diferentes tipos de cemento.

En la tabla 2.3 se distinguen por su composición, sus propiedades de resistencia, durabilidad, por sus destinos y usos.

Tabla 2.3 Usos y aplicaciones del cemento

ÁREA	USO PRINCIPAL
Mejora de viviendas	Mejora y renovación de vivienda, cimentaciones, veredas, patios, etc.
Agrícola	Resiste la agresividad del medio ambiente
Industrial	Reforzados con fibras plásticas o de metales, que reducen el agrietamiento
Marino/Hidráulico	Con características de baja permeabilidad y alta resistencia bajo contacto con agua
Aplicaciones especiales	Sellador de juntas, en techos de lámina metálica o de asbesto-cemento

2.3 MARCO NORMATIVO.

2.3.1 TIPOS DE CEMENTO, ESPECIFICACIONES Y MÉTODOS DE PRUEBA EN LABORATORIOS.

NORMA MEXICANA NMX-C-414-ONNCCE-2004: Industria de la construcción-cementos hidráulicos-especificaciones y métodos de prueba.

Objetivo y campo de aplicaciones: esta norma establece las especificaciones y métodos de pruebas aplicables a los diversos tipos de cementos hidráulicos de fabricación nacional o extranjera que se destinen a los consumidores en México.

Esta norma se completa con las siguientes normas mexicanas vigentes:

NMX-C-059-0NNCCE: Industria de la construcción-Determinación del tiempo de fraguado de cementantes hidráulicos.

NMX-C-061-ONNCCE: Industria de la construcción- cementos-determinación de la resistencia a la compresión de materiales hidráulicos.

La norma de la SCT N-CMT-02-002/02 CMT características de los materiales- materiales para estructuras- materiales para concreto hidráulico- calidad de agregados pétreos para concreto hidráulico.

Contiene las características de calidad de los agregados que utilizan en la fabricación del concreto hidráulico con excepción de los agregados ligeros que se utilizaban para la elaboración de concretos a prueba de fuego, así como rellenos y elementos de concreto cuyo diseño se basa en pruebas de carga y no en procedimientos convencionales.

La norma de la SCT N-CMT-2-02-005 CMT características de los materiales-materiales para las estructuras-materiales para concreto hidráulico- calidad del concreto hidráulico. Esta norma contiene las características de calidad del concreto hidráulico que se utilice en la construcción de estructuras.

El manual de SCT M-MMP-2-02-001/00 MMP métodos de muestreo y pruebas de materiales – materiales para estructuras- materiales para concreto hidráulico- muestreo de concreto de cemento Portland.

2.3.2 TIPOS DE CEMENTOS.

2.3.2.1 CLASIFICACIÓN DE ACUERDO A SUS CARACTERÍSTICAS ESPECIALES.

Las características de los cementos son: la resistencia a los sulfatos, la baja reactividad álcali agregado, el bajo calor de hidratación y el color blanco.

Los respectivos cementos deben de tener una designación adicional de acuerdo con las características especiales que presenten.

Cementos resistentes a los sulfatos (RS): Son aquellos que por su comportamiento cumplen con el requisito de expansión limitada de acuerdo con el método de prueba establecido.

Cemento de baja reactividad álcali-agregado (BRA): Son aquellos que cumplen con el requisito de expansión limitada en la reacción álcali agregad, de acuerdo con el método de prueba establecido.

Cemento de bajo calor de hidratación (BCH): Son aquellos que desarrollan un calor de hidratación igual o inferior al especificado en la norma.

Cementos blancos (B): Son todos aquellos cuyo índice de blancura debe ser igual o superior con la referencia a la norma establecida.

2.3.4 CLASIFICACIÓN DEL CEMENTO POR CLASES RESISTENTES.

Los diferentes de cementos también se clasifican por su resistencia a la compresión, en cinco clases de acuerdo a la siguiente tabla 2.4

Tabla 2.4 Diferentes tipos de cemento

Tipo	Denominación	Clase resistente	Características especiales
CPO	Cemento portland ordinario	20	Resistencia a los sulfatos.
CPP	Cemento portland Puzolanico	30	Baja reactividad álcali agregado.
CPEG	Cemento con escoria granulada de alto horno	30 R	Bajo calor de hidratación.
CPC	Cemento portland compuesto	40	Blanco.
CPS	Cemento portland con humo de sílice	40 R	
CEG	Cemento portland con escoria granulada		

Fuente:http://www.revistacyt.com.mx/images/problemas/2009/pdf/JULIO.pd1 /10/2014

Designación normalizada: Los cementos se deben identificar por el tipo y la clase resistente como se especifica en la tabla anterior. Si el cemento tiene especificada una resistencia de 3 días se añadirá la letra R (Resistencia rápida). En el caso de que un cemento tenga alguna de las características especiales señaladas en la Tabla II.5, su designación se completa de acuerdo con la nomenclatura indicada en dicha tabla, de presentar dos o más características especiales.

2.3.5 ESPECIFICACIONES FÍSICAS DE LOS CEMENTOS.

Las especificaciones físicas del cemento como es la resistencia a la comprensión de acuerdo a la norma NMX-C-061-ONNCCE, el tiempo de fraguado según la norma NMX-C-059-ONNCE y la estabilidad de volumen, según la norma mexicana NMX-C-062-ONNCCE se resumen la tabla 2.5

Tabla 2.5 Especificaciones físicas del cemento

Especificaciones físicas						
Clase resisten te	Resistencia a compresión (N/mm2)			Tiempo de fraguado (min)		Estabilidad de volumen en autoclave (%)	
	3 días mínimo	28 días mínimo	máximo	Inicial mínimo	Inicial máximo	Expansión máximo	Contracción máximo
20		20	40	45	600	0.8	0.20
30		30	50	45	600	0.8	0.20
30R	20	30	50	45	600	0.8	0.20
40		40		45	600	0.8	0.20
40R	30	40		45	600	0.8	0.20

Fuente:http://www.revistacyt.com.mx/images/problemas/2009/pdf/JULIO.pd1 /10/2014

En los casos en que las propiedades del cemento puedan ser mejoras excediendo los límites del sulfato (SO3) es permisible exceder dichos límites siempre que no cause expansiones mayores a 0.020% a los 14 días de inmersión en agua de acuerdo a las normas NMX-C-131-ONNCCE y NMX-C-185-ONNCCE. A continuación, se muestra en la siguiente tabla 2.6 las especificaciones químicas.

Tabla 2.6 Especificaciones químicas del cemento

Especificaciones químicas		
Propiedades	Tipos de cementos	Especificación (% de masa)
Pérdida por ignición	CPO, CEG	Max 5%
Residuo insoluble	CPO, CEG	Max 4%
Sulfato (SO2)	Todos	Max 4%

Fuente:http://www.revistacyt.com.mx/images/problemas/2009/pdf/JULIO.pd1 /10/2014

Cuando se requiere que un cemento tenga una característica especial, este debe cumplir con las especificaciones indicadas en la tabla 2.7 Se verifica con métodos para determinar las características químicas con base a las normas NMX-C-418-ONNCCE, NMX-C-180-ONNCCE y NMX-C-151-ONNCCE.

Tabla 2.7 Especificaciones del cemento con características especiales

Especificaciones de los cementos con características especiales.							
Nomenclatura	Características especiales	Expansión por ataque de sulfatos (Max %)	Expansión por la reacción álcali-agregado (Max %)		Calor de hidratación (Max) kj/kg (Kcal/kg)		Blancura (min %)
		1 año	14 días	56 días	7 días	28 días	
RS	Resistentes a los sulfatos	0.10	-------------------------		-----------		-----
BRA	Baja reactividad Álcali agregado	--------	0.020	0.060	-----------		-----
BCH	Bajo calor de hidratación	--------	--------	--------	250	290	-----
B	Blanco	--------	-----------------------		-----------		70

Fuente:http://www.revistacyt.com.mx/images/problemas/2009/pdf/JULIO.pd1 /10/2014

2.3.6 INFORMACIÓN TÉCNICA – NORMATIVA DEL CEMENTO.

* Cemento Portland ordinario – NMX-C-414-ONNCCE-199:

El cemento portland ordinario es excelente para construcciones en general Zapatas, columnas, trabes, castillos, delas, muros, losas, pisos, pavimentos, guarniciones, banquetas, muebles municipales como bancas, Fuentes, mesas, ideal para elaboración de productos prefabricados como tablones, adoquines, bloques, postes de luz, lavaderos, etc.

* Cemento portland compuesto NMX-C-414-ONNCCE-199:

Presente excelente durabilidad en prefabricaciones para alcantarillados y a los concretos les proporciona una mayor resistencia química y menos desprendimiento de calor.

Este cemento es compatible con todos los materiales de construcción convencionales con arenas, gravas, cantera, mármol etc. Así como los pigmentos aditivos, siempre que usen con los cuidados y dosificaciones que recomienden sus fabricantes.

* Cemento portland Puzolanico NMX-C-414-ONNCCE-199:

Idea para la construcción de zapatas, pisos, columnas, castillos, dallas, muros, losas, pavimentos, banquetas, muebles municipales. Especialmente para la construcción sobre suelos salinos, el mejor para obras expuestas a ambientes químicamente agresivos.

Alta durabilidad en prefabricados para alcantarillados como, brocales para pozos de vista, coladeras pluviales, registros y tubería de drenaje.

- Cemento portland ordinario blanco NMX-C-414-ONNCCE-199:

Excelente para obras ornamentales o arquitectónicas como fachadas monumentos, lapidas, barandales, escaleras, etc. Gran rendimiento en la producción de mosaicos terrazos, balaustradas, lavaderos, WC, rurales, tiroles, pegazuelos, junte adores, etc.

Las fachadas de recubrimientos de muros, ahorra gastos de repintado. Este producto puede pigmentarse con facilidad, para obtener el color deseado se puede mezclar con los materiales de construcción convencionales, siempre y cuando estén libres de impurezas. Por su alta resistencia a la compresión tiene los mismos usos estructurales que el cemento gris.

- Cemento portland Ordinario resistente a los sulfatos NMX-C-414-ONNCCE-199:

El cemento portland ordinario resistente a los sulfatos proporciona mayor resistencia química para concretos en contacto con aguas o suelos agresivos como agua marina, suelos con alto contenido de sulfatos o sales. Recomendable para la construcción de presas, drenajes municipales, y todo tipo de obras subterráneas.

- Cemento portland para albañilería (Mortero) NMX-C-021-ONNCCE-2004:

Diseñado especialmente para trabajos de albañilería, junteo o pegado de bloques, tabiques, ladrillos, piedra, mampostería, aplanado, entornado, enjarres, repellados y resanes, firmes, plantillas y banquetas, no debe utilizarse en la construcción de elementos estructurales

Capítulo 3 MÉTODO DE INVESTIGACIÓN.

3.1 ENFOQUE DE INVESTIGACIÓN.

El enfoque metodológico es cuantitativo, ya que se utiliza la recolección y en análisis de datos para responder las preguntas de investigación y probar hipótesis establecidas previamente, es un proceso deductivo, cada etapa conduce de forma lógica a la que viene, sirve para comprobar, explicar o predecir un determinado hecho.

3.1.1 TIPO DE INVESTIGACIÓN.

El tipo de investigación es experimental, debido a que se puede evaluar de qué forma o por qué razón sucede algo en particular. Este tipo de investigación es provocado, lo que permite que se modifiquen las variables en intensidad, pudiendo evaluar las causas y consecuencias de los resultados. El experimento se manipula de manera voluntaria las variables y se observan los resultados en un ambiente controlado.

3.1.2 METODO DE LA INVESTIGACIÓN.

Se muestreo material procedente del banco seleccionado y se realizaron las pruebas de laboratorio requeridas en las normas para determinar si el material está dentro de los parámetros establecidos en la norma, después se realizaron los especímenes de concreto, que se procedieron a ensayar, se redactaron los resultados obtenidos y se llegó a una conclusión.

3.1.4.1 PRUEBAS A LOS AGREGADOS GRUESOS

Prueba de granulometría.

La prueba consiste en hacer pasar la muestra a través de dichas mallas y se determina el porcentaje de material que se retiene en cada una.

Prueba de peso específico.

La determinación de la masa volumétrica seca del material en estado suelto, consiste en obtener la relación entre la masa de los sólidos del material y el volumen total del mismo, una vez que l amasa de la muestra ha sido corregida considerado el contenido de agua.

De la muestra del material, obtenida según se establece en el Manual M-MMP-1-01, Muestreo de Materiales para Terracerías, de la Secretaria de Comunicaciones y Transportes (SCT), se seca, disgrega y separa la cantidad necesaria para llenar el recipiente de 10 L, de acuerdo con lo indicado en el Manual M-MMP-1-03, Secado, Disgregado y Cuarteo de Muestras, de la SCT.

1) Se homogeneiza el material mediante mezclado, para después empleando el cucharon de lámina y utilizando como referencia el escantillón, llenar el recipiente de lámina como se muestra en la Figura #, para lo cual se deja caer el material desde una altura de 20 cm, evitando su reacomodo por movimientos indebidos. Posteriormente se enrasa el material utilizando la regla de 30 cm.

2) Se obtiene la masa del recipiente con el material como se indica en la figura # y se registra como W en g, con aproximación de 5 g.

3) Finalmente, se determina el contenido de agua del material de acuerdo con lo indicado en el manual M-MMP-1-04, Contenido de agua, el cual se registra como w.

Cálculos.

Se calcula y reporta como resultado de la prueba, la masa volumétrica seca del material en estado suelto mediante la siguiente expresión:

$$\gamma d_s = \frac{100\, W_m}{V\,(100 + w)} = \frac{\gamma_m}{100 + w}\,(100)$$

3.1.4.2 PRUEBAS A LOS AGREGADOS FINOS.

Prueba de granulometría:

La prueba consiste en hacer pasar la muestra a través de dichas mallas y se determina el porcentaje de material que se retiene en cada una.

Tabla 3.1 Límites granulométricos para el agregado fino

Malla		Porcentaje retenido
Abertura mm	Designación	acumulado
9.5	3/8"	0
4.75	N°4	0-5
2.36	N°8	0-20
1.18	N°16	15-50
0.6	N°30	40-75
0.3	N°50	70-90
0.15	N°100	90-98

Fuente: http://www.imcyc.com/revistacyt/pdfs/problemas27.pdf

1) Del suelo secado al sol, disgregado y cuarteado, se obtiene una muestra representativa, la cual es pesada y se anota el peso en el registro correspondiente.

2) Se procede a pasar el material por las diferentes mallas, que van de mayor a menor abertura tal y como se presentan en el registro propio para este ensaye

3) El material retenido en cada malla se va pesando y anotando en la columna de peso retenido.

4) Todo lo anterior se realiza hasta la malla No. 4 y con el material que pasa dicha malla se procede a obtener una porción de suelo que sea representativa, para ello habrá que pasar el material las veces necesarias por el partido de muestras, hasta que se obtenga una muestra de entre 500 y 1000 grs.

5) La muestra anterior se pone a secar totalmente (hasta que no empañe el cristal de reloj), esta se enfría y se pesa una muestra de 200.0 grs., la cual se vacía a un vaso de aluminio y se vacía agua hasta llenarlo; con esto se

procede a realizar el Lavado del suelo. Si el suelo en estudio, tiene una cantidad apreciable de grumos, este se deja en saturación por 24 hrs.

6) El Lavado del suelo, consiste en agitar el suelo utilizando el alambrón con punta redondeada, haciendo figuras en forma de "ochos" durante 15 segundos.

7) Se vacía el líquido a la malla No. 200, con el fin de eliminar los finos (que es el material que pasa dicha malla), posteriormente se vierte más agua al vaso y se agita de la forma antes descrita.

8) Cuando en la malla se acumule mucho material (arena), se reintegra al vaso, vaciando agua sobre el reverso de la malla, siempre cuidando de no perder material; esto se hará cada 5 veces que se vacíe agua con finos a la malla No.200. Esta operación se repite las veces necesarias para que el agua salga limpia o casi limpia.

9) El suelo es secado al horno o a la estufa, se deja enfriar y después se pasa por las siguientes mallas, que son la No. 10 a la No. 200.Para que sea un

vibrado más eficaz se recomienda, llevar todo el conjunto de mallas al vibrador de mallas.

10) Se procede a pesar el material retenido en cada malla.

11) Se realizan los cálculos de: % retenido parcial, % retenido acumulado, % que pasa; se dibuja la curva granulométrica.

12) Se calculan: los % de grava, de arena y de finos, así como los Coeficientes de uniformidad (Cu) y de Curvatura (Cc).

3.1.4.3 PRUEBAS AL CONCRETO FRESCO

Prueba de revenimiento:

La prueba de revenimiento se hace para asegurar que una mezcla de concreto sea trabajable. La muestra medida debe estar dentro de un rango establecido, o tolerancia, del revenimiento pretendido.

La muestra de concreto hidráulico, obtenida según se establece en el Manual M-MMP-2-02-055, Muestreo de Concreto Hidráulico, no requerirá más preparación que el remezclado para su homogeneización

En esta prueba se obtienen valores confiables de revenimiento en el intervalo de 2 a 20 cm la operación completa desde el comienzo del llenado hasta que se levante el molde, se hará sin interrupción, en un tiempo no mayor de 2.5 min y conforme al siguiente procedimiento:

1) Se humedece el interior del molde y se coloca sobre la placa metálica, previamente humedecida.

2) Apoyando los pies sobre los estribos que tiene el molde, el operador lo mantiene firme en su lugar procediendo a la operación de llenado.

3) Se llena el molde en tres capas de aproximadamente el mismo espesor, compactando cada capa mediante 25 penetraciones de la varilla distribuidas uniformemente sobre su sección.

4) Una vez terminada la compactación de la última capa, se enrasa el concreto mediante un movimiento de rodamiento de la varilla sobre el borde superior del cono. Se limpia la superficie exterior de la base de asiento e inmediatamente se levanta con cuidado el molde en dirección

vertical, sin movimientos laterales o torsionales. La operación de levantar completamente el molde se hará en 5 más menos 2 seg.

5) Inmediatamente después se determina el asentamiento del concreto a partir del nivel original de la base superior del molde, calculando esta diferencia de alturas en el centro asentado de la superficie superior del espécimen.

Ensaye de compresión:

Se verificará que los morteros de azufre comerciales o preparados en el laboratorio que se utilicen para cubrir las caras paralelas de los especímenes moldeados, tengan una resistencia mínima de 35,34 MPa (350 kg/cm²) en un tiempo máximo de 2 horas.

1) Se limpian las superficies de las placas superior e inferior de la prensa y los extremos de los especímenes de prueba; se coloca el espécimen por ensayar sobre la placa inferior, alineando su eje cuidadosamente respecto del centro de la placa de carga con asiento esférico, como se indica en la figura 3.1 mientras la placa superior se baja hacia el espécimen hasta lograr un contacto suave y uniforme.

2) Se aplica la carga con una velocidad uniforme y continua sin producir impacto ni pérdida de carga. La velocidad deberá estar dentro del intervalo de 137 a 343 kPas/s (84 a 210 kg/cm³/min aproximadamente).

3) Se aplican las cargas hasta alcanzar la máxima permisible, haciendo los registros correspondientes

La resistencia de los especímenes de concreto se determina a la edad de 14 días en el caso de concreto de resistencia rápida y 28 días cuando se use concreto de resistencia normal, con las tolerancias que se indican en la siguiente tabla.

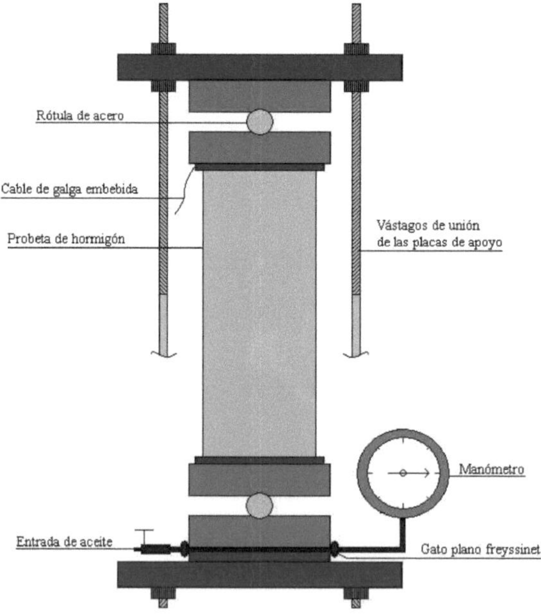

Figura 3.1 Diagrama de la máquina universal

Tabla 3.2 Tolerancia en horas

Edad de la prueba (días)	Tolerancia (horas)
14	± 12
28	± 24

Fuente: Manual M-MMP-2-02-055

Cálculos

Como resultado de esta prueba se calcula y reporta la resistencia a compresión soportada por el espécimen, utilizando la siguiente expresión:

$$R = \frac{10P}{A}$$

Dónde:

R = Resistencia a la compresión simple, (MPa)

P = Carga máxima, (kN)

A = Área promedio de la sección transversal del espécimen, (cm^2)

3.1.6 MÉTODO DE ANÁLISIS DE DATOS.

Para el análisis de los datos del presente estudio, se tomaron 12 cilindros Y 9 vigas de concreto elaborados bajo el mismo diseño de mezcla, con la única variación de la adición de la concha de ostión (Crassostrea), para someterlos a ensayes de compresión y flexión.

Capítulo 4 ANÁLISIS DE RESULTADOS.

En este capítulo se muestran los resultados obtenidos de las pruebas de laboratorio

Para fines de investigación se realizaron dos dosificaciones, tomando como base la proporción:

1:2 (1 cemento: 2 Arena)

relación agua/cemento Ra/c= 0.67

 Las dosificaciones fueron las siguientes:

Mezcla № 1 cemento, arena, grava y agua.

Mezcla № 2 cemento, arena, grava, agua y 3% de concha de ostión.

Los materiales fueron mezclados de forma homogénea y controlados en peso, para tratar de asegurar la igualdad de condiciones en los especímenes muestreados en moldes cilíndricos de □= 15 cm h=30 cm y rectangulares de 15 x 15 x 60 cm; se le determinó contenido de humedad a las mezclas en general, temperatura, masas volumétricas en estado fresco, porcentaje de absorción, revenimiento, esfuerzos de compresión a edades preestablecidas.

4.1 MATERIALES UTILIZADOS EN LA FABRICACIÓN DEL CONCRETO HIDRÁULICO

Como parte de la investigación, previo al diseño mismo, se determinaron las características de calidad de los agregados empleados en la fabricación del concreto hidráulico.

De acuerdo la Secretaría de Comunicaciones y Transportes, los agregados son materiales pétreos naturales seleccionados; materiales sujetos a tratamientos de disgregación, cribado, trituración o lavado, o materiales producidos por expansión, calcinación o fusión excipiente, que se mezclan con cemento Portland y agua, para formar concreto hidráulico. Los agregados para concreto hidráulico se clasifican en: agregado fino y agregado grueso.

4.2 MATERIAL FINO EN ESTADO NATURAL.

El agregado fino empleado en la elaboración de concreto hidráulico es arena natural seleccionada u obtenida mediante trituración y cribado, con partículas de tamaño comprendido entre 75 micrómetros (malla № 200) y 4.75 milímetros (malla № 4), pudiendo contener finos de menor tamaño, dentro de las proporciones establecidas en la norma N-CMT-2-02-002/02.

4.1.1 GRANULOMETRÍA DE LA ARENA.

El análisis granulométrico de la arena tiene por objeto determinar las cantidades en que están presentes partículas de ciertos tamaños en el material.

La distribución de los tamaños de las partículas se realiza mediante el empleo de mallas de aberturas cuadradas, de los tamaños siguientes: 3/8", Números 4, 8, 16, 20, 30, 40, 50, 60, 80, 100 y 200 respectivamente, en la tabla 4.1 se muestra el porcentaje de retenidos y pasados.

Tabla 4.1 Porcentaje de finos retenidos

Malla	Retenido parcial		Retenido acumulado %	Pasando %	Especificaciones % pasando
	Grs.	%			
3/4	7.71	1.30	1.30	98.70	
4	23.95	4.05	5.36	94.64	95 a 100
8	20.71	3.50	8.86	91.14	80 a 100
16	22.52	3.81	12.67	87.33	50 a 85
30	79.69	13.48	26.15	73.85	25 a 60
50	272.04	46.02	72.17	27.83	10 a 30
100	109.55	18.53	90.70	9.30	2 a 10
p-100					
suma	591.15	100.00	100.00		

Los resultados de la prueba se grafican junto con los límites que especifican los porcentajes aceptables para cada tamaño, a fin de verificar si la distribución de tamaños es adecuada.

La granulometría más conveniente para el agregado fino depende del tipo de trabajo, riqueza de la mezcla (contenido de cemento) y tamaño máximo del agregado grueso.

En la gráfica № 1 se muestran los resultados de la prueba de granulometría realizada al material empleado en la fabricación del concreto hidráulico, material procedente del banco Cacalilao, Veracruz.

Gráfica 1. Curva granulométrica de material procedente de banco Cacalilao

Malla No.	ARENA % que pasa la malla
3/8"	100.00
No. 4	99.00
8	98.00
16	92.00
30	69.00
50	16.00
100	2.00
200	10.00

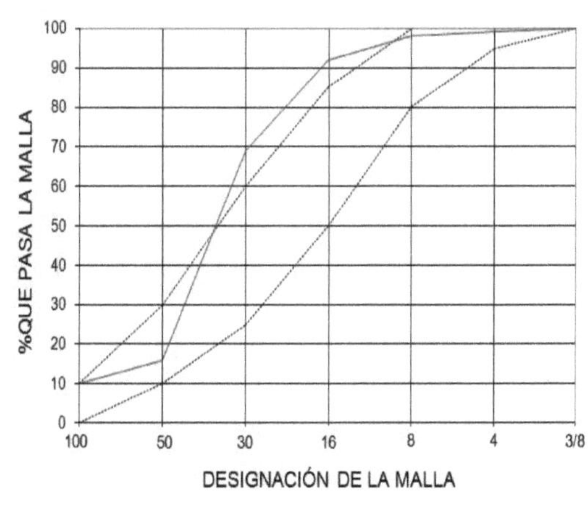

Como se puede apreciar en la gráfica anterior, la porción del material correspondiente a las mallas 30 y 16 se encuentra fuera de los parámetros de aceptación para ser empleado en la fabricación de concreto hidráulico.

4.1.2 CÁLCULO DEL MÓDULO DE FINURA

El análisis granulométrico de la arena se complementa calculando el módulo d
finura que es igual a la centésima parte de la suma de los porcentajes retenidos
acumulados en cada una de las mallas de la serie estándar. De ordinario se
considera que la arena presenta un módulo de finura adecuado para la
fabricación de concreto.

$$MF = \frac{\sum \% Ret.\, Acum.\, en\, las\, mallas\, (3/4"; \; \#4; \; \#8; \; \#16; \; \#30; \; \#50; \; \#100)}{100}$$

Las arenas cuyo módulo de finura es de 2.24 significa que se trata de una arena
fina; y si el modulo se encuentra entre 2.3 a 3.1 se trata de una arena mediana.
Y si el modulo es mayor de 3.1 se trata de una arena gruesa.

Cuando presentan un módulo de finura inferior al aceptable, se consideran
demasiado finas y son un perjudicial para esta aplicación, ya que suelen requerir
mayores consumos de pasta de cemento, lo cual repercute adversamente en los
cambios volumétricos y en el costo del concreto.

En extremo opuesto, las arenas con módulo de finura mayor a 3.5 resultan demasiado gruesas y también se les juzga inadecuadas por que tienden a producir mezclas de concreto ásperas, segregables y proclives al sangrado.

La arena ensayada en el laboratorio posee un módulo de finura de 2.24, el cual se encuentra en el límite de especificación. lo que dice que es una arena fina, esta arena se puede utilizar para la fabricación del cemento, con resultados favorables.

También se obtuvo el peso volumétrico seco suelto igual a 1241 kg/m3

El porcentaje de absorción se encuentra en el orden de 5.52% con un peso específico de 2.427.

4.2 MATERIAL PETREO EN ESTADO NATURAL

A continuación, se presentan los resultados obtenidos al realizar las pruebas al material procedente del banco #0040 "El Abra" ubicado en el kilómetro 081+600 de la carretera Cd. Valles – Cd. Victoria en condiciones naturales.

4.2.1 GRANULOMETRÍA DE LOS AGREGADOS GRUESOS VÍRGENES

Ahora, la granulometría y el tamaño máximo de los agregados son importantes debido a su efecto en la dosificación, trabajabilidad, economía, porosidad y contracción del concreto.

Para la gradación de los agregados gruesos se utiliza una serie de mallas que están especificadas en la Norma Mexicana N-CMT-2-02-002/02.

Tabla 4.2 Granulometría de los agregados gruesos

Numero de Malla	Retenido (gr)	Parcial %	Retenido acumulado %	Pasa la malla %
2"				
1.5				
1	50	0.86	0.86	99.14
3/4	1,170	20.17	21.03	78.97
1/2	2,145	36.97	58.00	42.00
3/8	975	16.80	74.80	25.20
N°4	1,035	17.84	92.64	7.36
N°8	140	2.41	95.05	4.95
P8				
SUMA	5,802	100		

El agregado grueso, según la SCT, puede ser grava natural seleccionada u obtenida mediante trituración y cribado, escorias de altos hornos enfriadas en aire o en una combinación de dichos materiales, con partículas de tamaño máximo, generalmente comprendido entre 19 mm (3/4") y 75 mm (3"), pudiendo contener fragmentos de roca y arena, dentro de las proporciones establecidas en la norma N-CMT-2-02-002/02.

En la gráfica № 2 se muestran los resultados obtenidos de la prueba de granulometría realizada en material procedente de banco El Abra, San Luis Potosí.

Gráfica № 2 Curva granulométrica de material procedente de banco El Abra

Malla No.	GRAVA
	% que pasa la malla
2 1/2"	100.00
2"	100.00
1 1/2"	100.00
1"	100.00
3/4"	85.00
1/2"	45.00
3/8"	22.00
No. 4	2.00

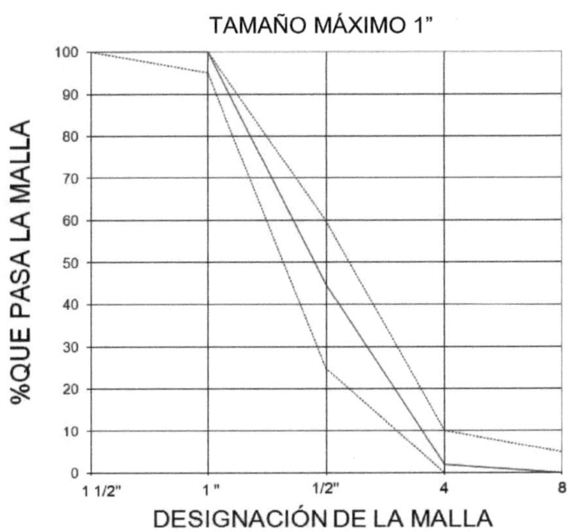

Según los parámetros establecidos por la SCT, el material presenta un comportamiento aceptable para ser considerado como agregado grueso en concreto con tamaño máximo 1".

Se realizaron pruebas de resistencia al desgaste por abrasión en máquina de los ángeles e intemperismo acelerado, siendo estos de: 29.50% y 5.50% respectivamente.

También se obtuvo el peso volumétrico seco suelto igual a 1450 kg/m3 y varillado 1528 kg/m3

El porcentaje de absorción se encuentra en el orden de 0.55 % con un peso específico de 2.692.

Cemento Portland CPC 30R

Para la elaboración del concreto hidráulico, se empleó cemento portland CPC 30R marca CEMEX.

Este cemento puede utilizarse en la construcción de todo tipo de elementos o estructuras de concreto simple o armado. Es compatible con todos los materiales de construcción convencionales, logrando excelentes resultados en la construcción tradicional de: pisos, firmes, castillos, trabes, zapatas, losas, columnas, etc. El CPC 30R está producido bajo un estricto control de calidad que lo convierte en el cemento de excelente aplicación para todo tipo de obras desde proyectos familiares hasta la construcción de fraccionamientos, casas, edificios, obras municipales, productos industrializados de concreto, etc. Es un tipo de cemento que es posible conseguir en la zona en cualquier tienda comercial dedicada a surtir materiales de construcción.

Agua

El agua empleada para la elaboración del concreto es la que comúnmente distribuye la comisión municipal de agua potable de los municipios de Tampico, Ciudad Madero y Altamira, esta misma es obtenida de un sistema lagunario conocido como Chairel, el cual es formado por el cauce de los ríos Tamesí-Pánuco, de igual forma esta agua se encuentra libre de aceites, ácidos, sustancias alcalinas y materia orgánica (agua tratada).

4.3 PREPARACIÓN DEL MATERIAL RECICLADO "CONCHA DE OSTIÓN" CRASSOSTREA ANGULATA

A continuación, se presentan los resultados obtenidos al realizar las pruebas al material procedente reciclado concha de ostión (Crassostrea Angulata) obtenido de la Laguna de la Costa que está situado dentro de la localidad de Moralillo, en el Municipio de Pánuco (en el Estado de Veracruz de Ignacio de la Llave).

Se tomaron las muestras de conchas de ostión y se llevaron a laboratorio para ser triturada y cribada, con partículas de tamaño comprendido entre 75 micrómetros (malla № 200) y 4.75 milímetros (malla № 4), pudiendo contener finos de menor tamaño, dentro de las proporciones establecidas en la norma N-CMT-2-02-002/02.

Dosificación de la mezcla

Una vez obtenidas las características de los agregados, se realizó una dosificación que respetara la relación agua cemento establecida de 0.67, así como el porcentaje de material reciclado.

La dosificación empleada se muestra a continuación:

Tabla № 1   Dosificación de las mezclas

Dosificación	Cemento	Arena Kg.	Grava	Agua	Concha
1	20.00	47.00	61.00	13.41	-
2	44.00	102.00	134.00	32.00	9.18

Observación:

Se consideraron pesos volumétricos:

cemento = 1250 Kg/m3;

 arena= 1241 Kg/m3

absorción de la arena= 5.52%,

agua= 1000 kg/m3,

Concha de ostión = 940 Kg/m3 en estado compacto,

grava= 1450 Kg/m3

absorción de la grava= 0.55%

La fecha de elaboración de los especímenes fue el 21 de Marzo del 2018 con una temperatura ambiente de 26.4°C y humedad relativa de 80%.

Las proporciones calculadas mediante cualquier método deben considerarse siempre como sujetas a revisión sobre la base de la experiencia obtenida con las mezclas de prueba.

Dependiendo de las circunstancias, las mezclas de prueba pueden prepararse en un laboratorio, o tal vez, preferentemente como mezcla en una prueba de campo.

Para la elaboración de la mezcla se procedió conforme a lo siguiente:

Se pesaron las cantidades de cada uno de los materiales a utilizar y se dejaron en recipientes de 20 litros.

Se midió el agua necesaria en probetas.

Se preparó y engrasó el equipo necesario para el muestreo y las pruebas, como cono de revenimiento, termómetro, equipo para la determinación de masa volumétrica, etc.

Se aseguró que el funcionamiento o mecanismo de la revolvedora con capacidad de 0.6 m3 fuera el correcto, al mismo tiempo se humedeció el tambor de mezclado y se escurrió totalmente el agua sobrante.

Previo al inicio de la rotación, se añadió el agregado grueso y algo de agua

Se encendió la mezcladora y se añadió el agregado fino, el cemento y el resto del agua con la revolvedora en funcionamiento. Si esto es impráctico para una mezcladora en particular o para una prueba particular. Estos componentes (agregado fino, cemento y agua) pueden ser añadidos a la mezcladora detenida y permitiendo que esta gire unas pocas revoluciones, continuando la carga con el agregado grueso y algo de agua.

Luego que todos los componentes se encontraran en la mezcladora, con el cronómetro se contabilizó: 3 minutos de mezclado, continuando con un periodo de reposo de 3 minutos (se cubrió el extremo abierto de la mezcladora para prevenir la evaporación durante el periodo de reposo) se continuó con un periodo de mezclado final de 2 minutos.

Se vertió el concreto en una charola previamente humedecida.

Con el concreto de la bandeja se procedió a realizar la prueba de revenimiento y el llenado de los moldes de cilindros y vigas.

Nota: Inicie la prueba de revenimiento dentro de los cinco minutos siguientes a la obtención de la muestra de concreto. Para el molde de las muestras se tienen 15 minutos a partir de la fabricación del concreto. Según la norma NMX-C-156.

No se debe mezclar durante un periodo largo o mayor del especificado, pues habrá evaporación de agua en la mezcla, con la consecuente disminución de trabajabilidad y aumento de la resistencia. Otro efecto secundario es la trituración de los agregados, especialmente si no son duros, la granulometría se vuelve más fina y la trabajabilidad menor.

Tabla № 2   Datos de la mezcla

Dosificación	Humedad en mezcla	Revenimiento	Temperatura	Peso Volumétrico
1	11.81	9.0	25.0	2296
2	12.52	7.0	27.3	2290

Nota: el peso volumétrico de la mezcla se determinó mediante los procedimientos establecidos en la norma NMX-C-138-ONNCCE.

Se presenta a continuación los resultados obtenidos del ensaye a las muestras de concreto convencional.

Tabla № 3   Resultados de la Mezcla № 1

Espécimen №	Edad en días	Diámetro cm	Altura cm.	Carga Kg	Esfuerzo de compresión
1	7	15.1	30.0	30000	167.50
2	7	15.1	30.0	30500	170.30
3	14	15.1	30.0	32250	180.07
4	14	15.1	30.0	32000	178.67
5	28	15.1	30.0	39500	220.55
6	28	15.1	30.0	41000	228.92

Tabla № 4   Resultados de la Mezcla № 1

Espécimen №	Edad en días	Ancho (a) cm	Altura (h) cm	Largo (l) cm	Distancia entre apoyos (L)	Carga (P) Kg	Esfuerzo de flexión Kg/cm^2
7	7	15.0	15.0	60.0	45.0	1500	20.00
8	14	15.0	15.0	60.0	45.0	1750	23.33
9	28	15.0	15.0	60.0	45.0	2250	30.00

Se presenta a continuación la tabla correspondiente a la formación de cemento, arena, grava, agua y 3.0% de concha de ostión

Tabla № 5   Resultados de la Mezcla № 2

Espécimen №	Edad en días	Diámetro cm	Altura cm.	Carga Kg	Esfuerzo de compresión
10	7	15.1	30.0	22250	124.23
11	7	15.1	30.0	22500	125.63
12	14	15.1	30.0	27800	155.22
13	14	15.1	30.0	27400	152.99
14	28	15.1	30.0	29500	164.71
15	28	15.1	30.0	30500	170.30

Tabla № 6   Resultados de la Mezcla № 2

Espécimen №	Edad en días	Ancho (a) cm	Altura (h) cm	Largo (l) cm	Distancia entre apoyos (L)	Carga (P) Kg	Esfuerzo de flexión Kg/cm^2
16	7	15.0	15.0	60.0	45.0	1450	19.33
17	7	15.0	15.0	60.0	45.0	1400	18.67
18	14	15.0	15.0	60.0	45.0	1850	24.67
19	14	15.0	15.0	60.0	45.0	1900	25.33
20	28	15.0	15.0	60.0	45.0	1950	26.00
21	28	15.0	15.0	60.0	45.0	2000	26.67

COMENTARIOS

1. Elaboración de los especímenes.

Durante el proceso y elaboración de la mezcla para la formación de especímenes se realizaron 2 dosificaciones las cuales fueron descritas y asignadas como № 1 y 2 en la Introducción del presente documento.

Se observó un comportamiento normal en el proceso de fraguado y pérdida de plasticidad durante la mezcla convencional, mientras que para la mezcla con concha de ostión, el tiempo de fraguado fue superior a las 24 horas.

Se obtuvieron porciones representativas del concreto en estado fresco, conforme al manual de métodos de muestreo de concreto hidráulico M-MMP-2-02-055, además de los trabajos de muestreo se realizaron trabajos de llenado de moldes, envasado e identificación, utilizando un total de 12 cilindros con una relación altura/diámetro = 2, de $\varnothing$ = 15 cm y 30 cm de altura; 6 muestras de concreto convencional y 6 con concha de ostión, para ensaye a edades de 7, 14 y 28 días; 9 vigas de 15 x 15 x 60 cm para pruebas de flexión; 3 de concreto convencional y 6 con el recurso natural.

Se determinó la humedad de cada mezcla en estado fresco, la mezcla № 1,
la cual representa al concreto convencional, presentó un 11.81% de
humedad; siendo el caso para la mezcla № 2 un porcentaje de humedad en
el orden de 12.52%.

Los especímenes fueron curados mediante inmersión total en agua en una
pileta de curado a temperatura ambiente.

Antes del ensaye, los especímenes fueron cabeceados para asegurar que las
caras de aplicación de carga se mantengan perpendicular al eje de la
muestra; se determinó la resistencia a la compresión simple de los
especímenes cilíndricos mediante la aplicación de carga en máquina
universal marca FORNEY modelo LT-1150, en un rango de aplicación de
75000 kg con apreciación mínima de 250 kg a una velocidad de aplicación
de 15000 kg por minuto.

2. Valores de esfuerzo obtenidos en los especímenes a la edad de 7 días.

El esfuerzo a compresión obtenido para la mezcla № 1 corresponde a 169
Kg/cm2.

Se realizaron pruebas para determinar los esfuerzos a flexión con vigas de
sección 15.0 x 15.0 x 60.0 cm obteniendo valores de acuerdo a la expresión
PL/bd2, siendo P la carga axial aplicada, L longitud o claro de apoyos, b
base y d la altura; para dicha mezcla se obtuvo un valor de 20 kg/cm2.

Para la mezcla № 2 correspondiente al 3% de concha de ostión se presenta un esfuerzo a compresión de 125 Kg/cm2, esfuerzos de flexión de 19 Kg/cm2.

Dado que la falla se presentó dentro del tercio medio del espécimen, no fue necesario emplear factores de corrección.

3. Valores de esfuerzo obtenidos en los especímenes a la edad de 14 días.

El esfuerzo a compresión obtenido a la edad de 14 días para la mezcla № 1, corresponde a   179 Kg/cm2.

Los esfuerzos a flexión obtenidos mediante la aplicación de carga en vigas, arrojó un valor de 23.33 kg/cm2.

Para la mezcla № 2 correspondiente al 3% de concha de ostión se presenta un esfuerzo a compresión de 154 Kg/cm2, esfuerzos de flexión de 25 Kg/cm2.

4. Valores de esfuerzo obtenidos en los especímenes a la edad de 28 días.

Se realizó una última prueba a la edad de 28 días, los esfuerzos obtenidos para la mezcla

№ 1 corresponde a 225 Kg/cm2, mientras que los esfuerzos a flexión fueron de 30.00 kg/cm2.

Para la mezcla № 2 se presenta un esfuerzo a compresión a la edad de 28 días de 168 Kg/cm2, los esfuerzos de flexión obtenidos son de 26 Kg/cm2.

A continuación, se muestra un gráfico de esfuerzo vs edad en días en el que se puede observar la evolución de las muestras de concreto.

Gráfico N° 1. Esfuerzo a compresión vs edad en días

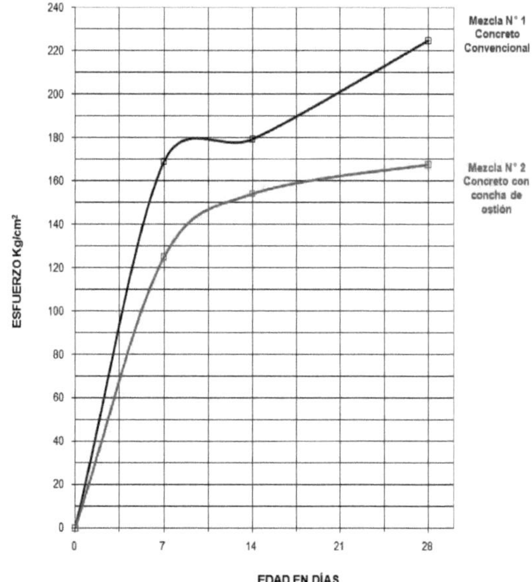

Gráfico N° 2. Esfuerzo a flexión vs edad en días

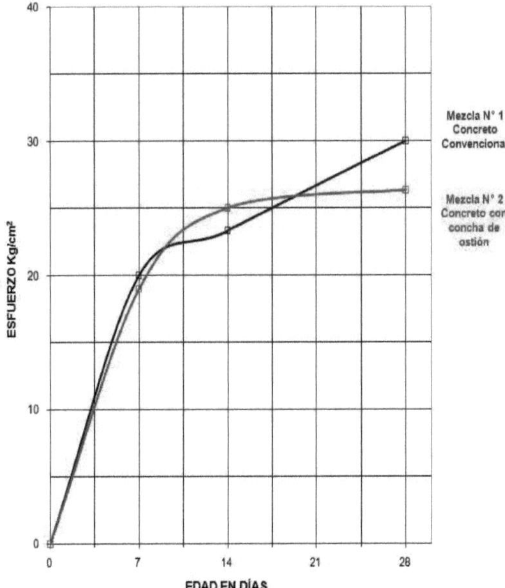

Resumen general

La primera etapa de la investigación consistió en el análisis de forma
individual de los agregados finos, gruesos y el material reciclado (concha de
ostión) para obtener sus características y realizar el diseño de la mezcla de
concreto. Con la finalidad de obtener especímenes representativos de la
mezcla de concreto, se muestrearon según lo establecido en la norma NMX-
C-161- 1997-ONNCCE, 12 especímenes cilíndricos de $\emptyset$= 6" h=12" y 9
especímenes muestreados en moldes prismáticos rectangulares de 15 x 15 x
60 cm; las muestras fueron identificadas y protegidas de la evaporación. Los
especímenes fueron curados en el laboratorio mediante inmersión total en
agua, las edades de prueba establecidas fueron 7, 14 y 28 días

Se cabecearon con azufre según lo establecido en la norma NMXC-109-
ONNCCE verificando los parámetros de tolerancia de planicidad y
perpendicularidad. Las masas volumétricas obtenidas de la muestra 1 y 2
fueron 2296 y 2290 kg/ m3 , respectivamente. Los esfuerzos a la compresión
a la edad de 28 días en la muestra N° 1 correspondiente a la mezcla de
concreto sin material reciclado se encuentran en el orden de 225 kg/cm2 ,
mientras que los esfuerzos a flexión fueron de 30.00 kg/cm2 . En el caso de
la muestra N° 2, el esfuerzo máximo a la compresión obtenido a la edad de
28 días es de 170 kg/cm2 y 26.67 kg/cm2 en flexión.

Conclusiones

Un concreto convencional bajo diseño descrito en el presente documento alcanzó esfuerzos a compresión en el orden de 220 kg/cm2 , de igual forma se presentó un esfuerzo a flexión de 30 kg/cm2 . Con la adición de concha de ostión a un concreto convencional, se presentaron valores en compresión de 170 kg/cm2 y esfuerzos a flexión de 27 kg/cm2 . Dado lo anterior podemos concluir que la mayor contribución de los esfuerzos en las muestras con concha de ostión se genera en los primeros 7 días, a partir de ahí el concreto solo adquiere un 25% de su resistencia final. La adición del material reciclado reduce los esfuerzos de compresión y flexión en los especímenes en un porcentaje aproximado de 23%.

Lista de referencias

CONAPESCA. (2015). Consulta específica por producción. Disponible en: http://www.conapesca.

sagarpa.gob.mx/wb/cona/consulta_especifica_por_produccion [15 de junio de 2015]

Essen. (2005). "Mycroscopy of historic mortars - a review". Cement and Concrete Research. 1-9.

Gobierno de España. (s.f.). Crassostrea angulata (Lamarck, 1819). Disponible en: http://www. ictioterm.es/nombre_cientifico.php?nc=202

Lovatelli, Farías, y Uriarte. (2007). FAO Actas de pesca y acuicultura, ISSN 2071-1026. Estado Actual del Cultivo y Manejo de Moluscos Bivalvos y su Proyección Futura.

Marín, Luquet, Marie, y Medacovic. (2008). "Molluscan Shell Proteins: Primary Structure, Origin, and Evolution". *UMR CNRS 5561 'Bioge´osciences,' Universite´de Bourgogne Boulevard Gabriel, 21000 Dijon, France Centerfor Marine Research Rovinj, Ruder Boskovic Institute Giordano Paliaga, 52210 Rovinj, Croatia.

Nguyen, Boutouil, Sebaibi, Leleyter, y Baraud. (2013). "Valorization of seashell by-products in pervious concrete pavers", Construction and Building Materials 49, 2013, pp. 151-160. 20_Investigaciones actuales en medio ambiente II.indd 184 16/02/21 12:37 185

Proyecto de norma mexicana PROY-NMX-C-021-ONNCCE-2001 (Industria de la construcción - Cemento para albañilería (mortero) - Especificación y métodos de prueba.

Reguero, y García-Cubas. (1991). Moluscos de la Laguna Camaronera, Veracruz, México: Sistemática y Ecología. Anales del Instituto de Ciencias del Mar y Limnología.

Schankrania. (s.f.). Curado del concreto fresco. Disponible en: http://www.arqhys.com/ hidratacion-concreto.html

Webgrafía

https://www.espacioimasd.unach.mx/articulos/num12/reuso_de_desechos_d e_conchas_ de_ostion.php

http://www.personal.us.es/falejan/Propiedades%20de%20los%20morteros.p df3 https://www.aquahoy.com/noticias/moluscos/30248-exploran-mediante-la-nanotecnologia-beneficios-de-la-concha-de-ostion

http://fondecyt.gob.pe/ciencia-al-dia/peru-usan-restos-de-conchas-de-abanico-para-producir-concreto

https://www.onncce.org.mx/es/venta-normas/catalogo-de-norma

More
Books!

info@omniscriptum.com
www.omniscriptum.com
OMNIScriptum

Printed by Books on Demand GmbH, Norderstedt / Germany